NOTES

SUR LES

PROJECTILES CREUX

ET SUR

LES BOUCHES A FEU

RÉSISTANCE A LA RUPTURE, TENSION DES GAZ, ETC.

Par COQUILHAT,

Major d'artillerie, chevalier de l'Ordre du Lion Néerlandais.

PARIS

LIBRAIRIE MILITAIRE, MARITIME ET POLYTECHNIQUE

DE J. CORRÉARD

LIBRAIRE-ÉDITEUR ET LIBRAIRE-COMMISSIONNAIRE

1, Rue Christine-Dauphine, près le Pont-Neuf.

1854

NOTES

SUR LES PROJECTILES CREUX

ET

SUR LES BOUCHES A FEU

LAGNY. — Imprimerie de VIALAT ET Cie.

NOTES

SUR LES

PROJECTILES CREUX

ET SUR

LES BOUCHES A FEU

RÉSISTANCE A LA RUPTURE, TENSION DES GAZ, ETC.

Par COQUILHAT

Major d'artillerie, chevalier de l'Ordre du Lion Néerlandais

PARIS

LIBRAIRIE MILITAIRE, MARITIME ET POLYTECHNIQUE

DE J. CORRÉARD

LIBRAIRE-ÉDITEUR ET LIBRAIRE-COMMISSIONNAIRE

1, rue Christine-Dauphine, près le Pont-Neuf.

1854

NOTE

SUR

LA CHARGE MINIMUM D'ÉCLATEMENT

DU

PROJECTILE CREUX

EN TENANT COMPTE DE LA PERTE DES GAZ PAR L'ŒIL

M. Piobert, dans son excellent traité sur la combustion de la poudre, a donné les moyens de calculer la perte occasionnée par les fuites de gaz par l'œil des projectiles : cette perte étant connue, il suffit d'ajouter la quantité de poudre qu'elle représente à la charge minimum d'éclatement calculée pour le cas où il n'y aurait pas d'issue, pour obtenir une charge explosive d'un effet assuré.

M. Piobert est parti des hypothèses suivantes :

1° Les pertes des gaz sont proportionnelles à la surface de l'orifice ;

2° Les pertes des gaz sont proportionnelles à leur densité moyenne.

La formule à laquelle M. Piobert parvient est

très-compliquée, et elle a l'inconvénient de ne pas permettre l'emploi des tables dressées à l'avance; il en résulte qu'elle conduit à des longueurs de calculs.

Nous avons repris les expériences indiquées dans l'ouvrage déjà cité, et nous sommes parvenus à les concilier, en adoptant une formule beaucoup plus simple, basée sur les hypothèses suivantes :

1° Les pertes des gaz sont proportionnelles à la surface de l'orifice;

2° Ces mêmes pertes sont proportionnelles à la tension des gaz.

La première de ces lois n'a pas été déterminée par des expériences directes, mais on peut l'admettre comme axiome, vérifié du reste implicitement par différents exemples.

Quant à la seconde loi, elle nous paraît *à priori* préférable à celle de M. Piobert : car la combustion de la charge exigeant un temps réel, si petit qu'il soit, les pertes seront proportionnelles aux vitesses avec lesquelles les gaz s'échappent et à leurs densités : mais la force expansive des gaz croissant dans un rapport exponentiel fonction de la densité, il est évident que c'est la tension des gaz qui sera l'élément le plus influent dans l'expression de la perte. Nous avons du reste vérifié cette loi en profitant des expériences spéciales qui ont été faites en France.

Parmi ces expériences, nous avons pris celles relatives à des obus de mêmes dimensions, mais de qualités de fonte différentes. La ténacité de ces fontes avait été constatée exactement : nous avons déterminé très-rigoureusement leurs charges minima d'éclatement pour le cas où l'œil n'existait pas. Nous avons ensuite comparé les augmentations de charge nécessitées par l'existence de l'œil, et nous avons trouvé que ces augmentations étaient proportionnelles aux tensions des gaz lors de la rupture des projectiles.

Voici un exemple :

Diamètre extérieur des obus, 0 m. 1628.
Diamètre du vide intérieur, 0 m. 1132.

Ces obus avaient en outre le même œil ; mais ils avaient été coulés avec deux sortes de fonte, dont la ténacité fut constatée.

La fonte la plus forte avait une résistance de 1300 atmosphères.

La résistance de l'autre fonte n'était que de 1100 atmosphères.

Nous désignerons les projectiles coulés avec la fonte la plus tenace sous le nom d'obus A : et les autres sous le nom d'obus B.

La formule qui exprime la tension des gaz donnée par Rumfort, et corrigée par M. Piobert, peut servir à déterminer la charge minimum d'éclatement, pour le cas où il n'y a pas de fuite des gaz par l'œil, en la comparant avec celle qui exprime la résistance de l'obus : on peut alors poser l'équation :

$$T\left(\frac{D_2 - d^2}{d^2}\right) = 1.841\,(905\,\varphi)^{1 + 0.362\,\varphi} \quad (1).$$

Dans cette formule on représente par

T la ténacité du métal exprimée en atmosphères,
D le diamètre extérieur de l'obus,
d le diamètre du vide intérieur,
φ la densité des gaz répandus dans la capacité de l'obus au moment de la rupture.

En appliquant la formule aux obus A, on trouve :

1389 atmosphères pour la tension des gaz et 0. 3764 pour leur densité.
d'où l'on déduit :

286 grammes pour la charge de poudre nécessaire pour faire éclater le projectile dans le cas où l'œil n'existe pas.

La charge d'éclatement avec un libre passage par l'œil ayant été trouvée par expérience égale à 345 grammes, il s'ensuit que la perte des gaz par l'œil a été 59 grammes.

Le rapport de la tension des gaz à leur perte exprimée en grammes est donc :

$$\frac{1389}{59} = 23.5 \quad (2).$$

La formule (1) appliquée aux obus B donne les résultats suivants :

1175 atmosphères pour la tension des gaz.

0. 3446 pour la densité des gaz,

262 grammes pour la charge minimum d'éclatement pour le cas où l'œil est fermé.

Les expériences ayant indiqué 310 grammes de poudre pour la charge explosive avec une libre issue par l'œil, la perte a été de 48 grammes.

Le rapport de la tension des gaz à leur perte est donc pour les obus B :

$$\frac{1175}{48} = 24.\ 5 \quad (3).$$

L'égalité presque parfaite des rapports (2) et (3) satisfait pleinement la loi que nous avions énoncée.

Nous avons ensuite pris des projectiles de mêmes qualités de fonte, de même diamètre de l'orifice de l'œil et de même rayon extérieur, mais ayant des épaisseurs différentes. Nous avons également calculé exactement les charges explosives pour le cas de l'absence de toute issue pour la fuite des gaz, nous avons soustrait les quantités de charge ainsi obtenues de celles reconnues nécessaires pour l'éclatement avec une libre issue par l'œil, et nous avons trouvé que les pertes étaient encore proportionnelles à la tension des gaz.

Voici un exemple :

Diamètre extérieur des projectiles éclatés, 0 m. 1629. Petit diamètre de l'œil, 0 m. 0113.		
Épaisseurs des parois	0. 0286	0. 0141
Ténacité de la fonte (atmosphères)	1050	1050
Tension des gaz pour produire la rupture du projectile (atmosphères)	1444	486
Charge moyenne expérimentale de rupture, l'orifice de l'œil étant ouvert	300 (grammes).	275 (grammes).
Charge calculée de rupture, l'orifice de l'œil étant fermé	239 —	256 —
Quantité de poudre perdue par la fuite des gaz	061 —	019 —
Rapport de la tension des gaz à la quantité de poudre perdue	$\frac{1444}{61} = 24$	$\frac{486}{19} = 25$

L'accord de ces nouveaux exemples avec les premiers et avec les lois énoncées est d'une exactitude presque mathématique.

Le rapport $\frac{1}{n}$ exprimant la fraction de la charge perdue par la fuite des gaz par l'œil, il est évident, d'après ce qui précède, qu'on pourra poser l'équation

$$\frac{1}{n} = \frac{aFK}{P} \quad (4).$$

Dans cette équation, on représente par

a l'aire de la section de l'œil,

F la tension ou la force élastique des gaz au moment de la rupture,

P le poids de la charge explosive, l'œil n'étant pas bouché,

K un certain coefficient.

Un exemple suffira pour déterminer K.

Prenons un obus ayant

D = 0. 1628 pour diamètre extérieur,
d = 0. 1132 pour diamètre du vide intérieur,
0. 0226 pour le plus petit diamètre de l'œil,
T = 1300 pour ténacité de la fonte.

Le calcul donne

a = 0. 004 pour l'aire de la section de l'œil,
F = 1389 pour la force élastique des gaz,
260 grammes pour la charge minimum d'éclatement pour le cas où l'œil n'existe pas.

L'expérience a au contraire indiqué

P = 0^k 312 pour la charge explosive avec une fuite des gaz par l'œil.

La partie de la charge non utilisée par la fuite des gaz ayant été de 0 k. 052, il en résulte le rapport

$$\frac{1}{n} = \frac{0^k\ 052}{0^k\ 312} = \frac{1}{6} \quad (5).$$

Substituant dans l'équation (4) les différentes valeurs de $\frac{1}{n}$, a, F et P, on en déduit

$$K = 0.\ 0936 \quad (6).$$

En appliquant des calculs semblables à plusieurs autres exemples, on parvient à des valeurs de K, qui diffèrent plus ou moins de la précédente : en prenant une moyenne on trouve :

$$K = 0.\ 11.$$

RECHERCHES

SUR LES ÉPAISSEURS

DES PROJECTILES CREUX

QUI EXIGENT LA CHARGE MAXIMUM D'ÉCLATEMENT

On a pendant bien longtemps émis l'opinion que les projectiles creux devaient peser les $\frac{2}{3}$ du poids des boulets de même calibre, afin que la charge nécessaire pour l'éclatement fût la plus forte possible.

L'analyse fournit le moyen de prouver que ce ne sont pas ces projectiles ni ceux qui ont les parois les plus épaisses qui exigent la plus forte charge explosive : elle permet également de trouver le rapport qui doit exister entre l'épaisseur aux parois et le diamètre, pour que la charge d'éclatement soit un maximum.

Soient :

V la capacité intérieure du projectile,
R le rayon extérieur du projectile,
r le rayon du vide intérieur du projectile,
P le poids de la charge minimum d'éclatement,
φ la densité des gaz au moment de la rupture,
$\times$ la tension des gaz au moment de la rupture,
T la ténacité de la fonte,

On a les relations suivantes :

$$(1) \quad V = \frac{4}{3} \pi r^3$$

$$(2) \quad \varphi = \frac{P}{V}$$

(3) $\times = 1.841 \, (905 \, \varphi)^{1 + 0.362 \, \varphi}$ { formule de Rumfort corrigée par M. Piobert.

Pour qu'il y ait rupture, il faut que X satisfasse à la condition

$$(4) \quad \times => T\left(\frac{R^2}{r^2} - 1.\right)$$

dans laquelle le second membre exprime la résistance du projectile.

Cherchons pour un rayon extérieur donné, quel est le rayon du vide intérieur du projectile, qui répond à la plus grande valeur de P : P étant la charge strictement nécessaire pour faire éclater le projectile.

Des équations (1) et (2) on déduit :

$$(5) \quad P = \frac{4}{3} \pi r^3 \varphi$$

La densité φ des gaz, au moment de la rupture, doit satisfaire à l'équation :

$$(6)\quad 1.841\,(905\,\varphi)^{1+0.362\,\varphi} = T\left(\frac{R^2}{r^2} - 1.\right)$$

Tirant de cette équation la valeur de r, puis élevant au cube, il vient :

$$(7)\quad r^3 = \frac{R^3\,T^{\frac{3}{2}}}{\left\{T + 1.841\,(905\,\varphi)^{1+0.362\,\varphi}\right\}^{\frac{3}{2}}}$$

Cette valeur de r^3, substituée dans l'équation (5) donne :

$$(8)\quad P = \frac{4\,\pi\,R^3\,T^{\frac{3}{2}}}{3} \times \frac{\varphi}{\left\{T + 1.841\,(905\,\varphi)^{1+0.362\,\varphi}\right\}^{\frac{3}{2}}}$$

Pour que P soit un maximum, il faut égaler à zéro son coefficient différentiel, par rapport à φ, et déduire la valeur de φ de l'équation qui en résultera. Cette valeur introduite dans les équations (7) et (8) donnera les valeurs de r et de P, lesquelles, pour un même rayon extérieur R, correspondent à la plus grande charge minimum d'éclatement.

Tirant de l'équation (8) le coefficient différentiel de P relativement à φ, supprimant les facteurs communs indépendants de φ, ainsi que le dénominateur

$$\left\{T + 1.841\,(905\,\varphi)^{1+0.362\,\varphi}\right\}^3$$

qui ne peut être nul pour aucune valeur positive de φ, on parvient à l'équation

$$\left\{T + 1.841\,(905\,\varphi)^{1 + 0.362\,\varphi}\right\}^{\frac{3}{2}} - \frac{3}{2}\varphi\left\{T + 1.841\,(905\,\varphi)^{1 + 0.362\,\varphi}\right\}^{\frac{1}{2}} \times d\,\frac{\left\{T + 1.841\,(905\,\varphi)^{1 + 0.362\,\varphi}\right\}}{d\,\varphi} = 0 \quad (9).$$

Pour trouver la différentielle

$$d\left\{T + 1.841\,(905\,\varphi)^{1 + 0.362\,\varphi}\right\}$$

posons l'égalité

$$(A\,x)^{b + c\,x} = Z$$

En prenant les logarithmes népériens de cette équation et différentiant, on obtient :

$$d\,z = d\,(A\,x)^{b + c\,x} = (A\,x)^{b + c\,x} \times \left\{c \log.\,(A\,x) + \frac{b + c\,x}{x}\right\} d\,x$$

De là on déduit par voie de comparaison :

$$\frac{d\left\{T + 1.841\,(905\,\varphi)^{1 + 0.362\,\varphi}\right\}}{d\,\varphi} = 1.841 \times \left\{(905\,\varphi)^{1 + 0.362\,\varphi}\right\}\left\{0.362 \log.\,(905\,\varphi) + \frac{1 + 0.362\,\varphi}{\varphi}\right\}$$

Substituant la valeur de cette différentielle dans l'équation (9) et supprimant le facteur commun

$$\left\{T + 1.841\,(905\,\varphi)^{1\,+\,0.362\,\varphi}\right\}^{\frac{1}{2}}$$

qui, comme nous l'avons déjà dit, ne peut être nul pour aucune valeur positive de φ, on obtient, toute réduction faite :

$$(10)\qquad 2\,T = 1.841\,(905\,\varphi)^{1\,+\,0.362\,\varphi} \times$$
$$\times \left[1.086\,\varphi\left\{1 + \log.\,(905\,\varphi\right\} + 1\right]$$

La charge devant être réglée sur la plus grande ténacité de la fonte pour projectiles, qui est $T = 1307$ atmosphères, l'équation (10) devient :

$$(11)\qquad \frac{2614}{1.841} = 1419.88 = (905\,\varphi)^{1\,+\,0.362\,\varphi} \times$$
$$\times \left[1.086\,\varphi\left\{1 + \log.\,(905\,\varphi)\right\} + 1\right]$$

La densité φ des gaz étant calculée au moyen de l'équation (11), on en substituera la valeur dans l'équation (7), et on en conclura le rayon r du vide intérieur, lorsque l'on se sera donné le rayon extérieur R du projectile.

Ces valeurs de r et de φ introduites dans l'équation (5) feront connaître celle de P : ainsi tout sera déterminé.

L'équation (11) étant résolue par approximation, il vient

$$\varphi = 0.2876 \qquad (12).$$

quantité exacte à la dernière décimale près.

Les valeurs de T et de φ étant substituées dans l'équation (7), il en résulte :

$$\frac{r}{R} = 0.7775 \quad (13)$$

Tel est le rapport constant qui doit exister entre le rayon intérieur et celui extérieur du projectile creux, pour que la charge nécessaire pour l'éclatement soit la plus considérable de toutes celles relatives aux projectiles ayant le même rayon extérieur.

L'épaisseur aux parois étant exprimée par R — r, on obtient, au moyen de l'équation (13) :

$$E = 0.2225\ R \quad (14)$$

E représentant l'épaisseur du projectile.

Le rapport du poids du projectile creux à celui du projectile plein sera

$$1 - (0.7775)^3 = 0.53 \quad (15)$$

Ainsi le projectile creux, satisfaisant à la condition de la plus grande charge d'éclatement, pèsera les 0. 53 du boulet plein de même calibre.

En supposant que la fonte ait une densité de 7. 2, celle de ce projectile creux sera

3. 816.

Dans l'équation (14), si nous mettons à la place de R sa valeur $\frac{D}{2}$, D étant le diamètre extérieur du projectile, il vient :

$$\frac{E}{D} = 0.11125.$$

Des expériences intéressantes faites en France constatent, que ce rapport de $\frac{E}{D}$ que nous venons de trouver, satisfait réellement à la condition de la charge maximum. On a fait éclater des obus de 0, 2202 de diamètre extérieur et d'épaisseurs différentes, qui étaient très-exactement 0, 0375, — 0, 0312, — 0, 0263, — 0, 0218 — 0, 0177. Les obus qui ont exigé la plus forte charge d'éclatement étaient ceux ayant l'épaisseur de 0, 0263. Pour ces projectiles on avait le rapport

$\frac{E}{D} = \frac{0.\ 0263}{0.\ 2202} = 0,\ 119$ qui se rapprochait le plus de celui théorique 0. 1112.

Il est bien entendu que, dans ces calculs, on suppose que l'orifice de l'œil étant fermé, toute la charge est utilisée pour produire l'éclatement.

TENSIONS

ET

DENSITÉS DES GAZ

PRODUITS PAR LA COMBUSTION DE LA POUDRE.

Ainsi que nous l'avons déjà dit, la recherche de la densité des gaz correspondante à une force élastique donnée lors de la combustion de la poudre, est extrêmement abrégée par l'usage de tables, où se trouvent indiquées les tensions que procurent les diverses densités. Nous croyons faire une chose utile, en donnant le tableau suivant dans lequel nous avons fait varier la densité des gaz de centième en centième depuis 0.01 jusqu'à 1.00. Les valeurs de la tension des gaz sont exactes à moins de la moitié de l'unité. A l'aide d'une simple interpolation on peut exprimer avec trois décimales les valeurs des densités relatives à des tensions intermédiaires à celles données.

En tout cas ces valeurs peuvent servir de point de départ pour déterminer exactement les densités par des approximations successives. Dans la pratique, on n'aura jamais besoin de plus de 4 décimales, et trois suffiront dans la plupart des cas.

Tableau des valeurs de la fonction

$$1 + 0.362\ \varphi.$$

$$\times = 1.841\ (905\ \varphi)$$

Valeurs de φ	Valeurs correspondantes de $\times$	Valeurs de φ	Valeurs correspondantes de $\times$	Valeurs de φ	Valeurs correspondantes de $\times$	Valeurs de φ	Valeurs correspondantes de $\times$
0.01	$\times$ = 17	0.26	$\times$ = 724	0.51	$\times$ = 2637	0.76	$\times$ = 7641
0.02	$\times$ = 34	0.27	$\times$ = 770	0.52	$\times$ = 2759	0.77	$\times$ = 7956
0.03	$\times$ = 52	0.28	$\times$ = 818	0.53	$\times$ = 2886	0.78	$\times$ = 8279
0.04	$\times$ = 70	0.29	$\times$ = 867	0.54	$\times$ = 3018	0.79	$\times$ = 8622
0.05	$\times$ = 89	0.30	$\times$ = 919	0.55	$\times$ = 3155	0.80	$\times$ = 8974
0.06	$\times$ = 109	0.31	$\times$ = 972	0.56	$\times$ = 3298	0.81	$\times$ = 9340
0.07	$\times$ = 130	0.32	$\times$ = 1028	0.57	$\times$ = 3446	0.82	$\times$ = 9718
0.08	$\times$ = 151	0.33	$\times$ = 1086	0.58	$\times$ = 3599	0.83	$\times$ = 10112
0.09	$\times$ = 173	0.34	$\times$ = 1147	0.59	$\times$ = 3759	0.84	$\times$ = 10520
0.10	$\times$ = 196	0.35	$\times$ = 1210	0.60	$\times$ = 3925	0.85	$\times$ = 10944
0.11	$\times$ = 220	0.36	$\times$ = 1275	0.61	$\times$ = 4097	0.86	$\times$ = 11383
0.12	$\times$ = 245	0.37	$\times$ = 1343	0.62	$\times$ = 4276	0.87	$\times$ = 11840
0.13	$\times$ = 271	0.38	$\times$ = 1414	0.63	$\times$ = 4462	0.88	$\times$ = 12313
0.14	$\times$ = 298	0.39	$\times$ = 1487	0.64	$\times$ = 4656	0.89	$\times$ = 12805
0.15	$\times$ = 326	0.40	$\times$ = 1564	0.65	$\times$ = 4856	0.90	$\times$ = 13314
0.16	$\times$ = 356	0.41	$\times$ = 1644	0.66	$\times$ = 5064	0.91	$\times$ = 13843
0.17	$\times$ = 386	0.42	$\times$ = 1727	0.67	$\times$ = 5279	0.92	$\times$ = 14392
0.18	$\times$ = 418	0.43	$\times$ = 1813	0.68	$\times$ = 5505	0.93	$\times$ = 14961
0.19	$\times$ = 451	0.44	$\times$ = 1902	0.69	$\times$ = 5739	0.94	$\times$ = 15552
0.20	$\times$ = 485	0.45	$\times$ = 1996	0.70	$\times$ = 5981	0.95	$\times$ = 16164
0.21	$\times$ = 521	0.46	$\times$ = 2092	0.71	$\times$ = 6233	0.96	$\times$ = 16799
0.22	$\times$ = 559	0.47	$\times$ = 2193	0.72	$\times$ = 6493	0.97	$\times$ = 17459
0.23	$\times$ = 598	0.48	$\times$ = 2298	0.73	$\times$ = 6764	0.98	$\times$ = 18143
0.24	$\times$ = 638	0.49	$\times$ = 2407	0.74	$\times$ = 7046	0.99	$\times$ = 18853
0.25	$\times$ = 680	0.50	$\times$ = 2530	0.75	$\times$ = 7341	1.00	$\times$ = 19589

DENSITÉS

DES

PROJECTILES CREUX

RÉSISTANCE A LA RUPTURE.

Les projectiles creux de divers calibres, dont les épaisseurs sont une même fraction du rayon extérieur forment des corps semblables.

Si nous appelons

V le volume du projectile creux,
R le grand rayon,
r le petit rayon,
E l'épaisseur aux parois,
n le rapport de l'épaisseur aux parois au grand rayon,
nous pourrons établir les égalités suivantes :

$$V = \frac{4}{3}\pi (R^3 - r^3)$$

$$E = R - r = nR \qquad \text{d'où } r = R(1 - n) \text{ et}$$

$$V = \frac{4}{3}\pi R^3 \left\{ 1 - (1 - n)^3 \right\}$$

Cette dernière valeur de V, étant indépendante de celle du petit rayon r, il en résulte que les volumes de tous les projectiles creux, dont les épaisseurs aux parois ont le même rapport n avec le grand rayon, sont entre eux comme les cubes de ces rayons.

Soit V' le volume d'un projectile plein de même calibre que le projectile creux, on aura

$$V' = \frac{4}{3} \pi R^3.$$

Et par suite :

$$\frac{V}{V'} = \left\{ 1 - (1 - n)^3 \right\}$$

Les rayons R et r n'entrant pas dans l'expression du rapport $\frac{V}{V'}$, il en résulte, que pour tous les projectiles creux, dont les épaisseurs aux parois sont un même multiple n du grand rayon, le rapport du volume du projectile creux à celui du projectile plein du même calibre est le même.

Les poids étant proportionnels aux volumes, on peut aussi établir la proposition que pour tous les projectiles creux dont les épaisseurs aux parois sont un même multiple du grand rayon, le rapport du poids du projectile creux à celui du projectile plein est le même.

Soient :

d la densité de la fonte,
φ la densité de la poudre,

le poids d'un projectile creux, rempli de poudre sera exprimé par

$$\frac{4}{3}\pi\left\{R^3 - r^3\right\}d + \tfrac{4}{3}\pi r^3 \varphi$$

Substituant dans cette formule à la place de r sa valeur $R(1-n)$ il vient

$$\frac{4}{3}\pi R^3 \left[\left\{1-(1-n)^3\right\}d + (1-n)^3\varphi\right].$$

En divisant ce poids par le volume $\frac{4}{3}\pi R^3$ du projectile plein de même calibre, on trouve pour la densité du projectile creux, rempli de poudre,

$$\left\{1-(1-n)^3\right\}d + (1-n)^3\varphi$$

Cette formule ne contenant ni le grand ni le petit rayon du projectile, il en résulte que tous les projectiles creux, remplis de poudre, pour lesquels l'épaisseur aux parois est un même multiple n du grand rayon, ont la même densité.

La résistance à la rupture des projectiles creux est proportionnelle à la quantité

$$\frac{R^2}{r^2} - 1.$$

Substituant dans cette expression à la place de r sa valeur $R(1-n)$, elle devient, toute réduction faite,

$$\left\{\frac{1}{(1-n)^2} - 1\right\}$$

Cette expression ne renfermant aucune des valeurs de R et de r, il en résulte que tous les projectiles creux dont les épaisseurs aux parois sont le même multiple n du grand rayon, offrent la même résistance à la rupture.

D'après ces considérations, nous avons dressé le tableau suivant indiquant les renseignements les plus utiles pour les projectiles creux. La densité moyenne des gaz relative à la charge minimum d'éclatement (l'orifice de l'œil étant supposé fermé) étant connue, il suffira, pour un projectile donné, de multiplier cette densité par le volume du vide intérieur, pour avoir à l'instant la charge minimum d'éclatement. Les rapports des épaisseurs aux parois aux diamètres extérieurs étant donnés de 5 en 5 millièmes, une simple interpolation procurera, d'une manière suffisamment exacte, toutes les données relatives à des épaisseurs intermédiaires.

La fonte du projectile creux ayant une ténacité qui ne dépasse pas 1300 atmosphères, nous avons fait les calculs en y ayant égard. Mais comme il pourrait être avantageux de couler les projectiles creux destinés aux bouches à feu de côtes, en fonte forte à canons, afin de les mettre en état de traverser les massifs en bois, avec de grandes vitesses sans se briser, nous avons également calculé la résistance à la rupture dans l'hypothèse que cette amélioration sera introduite.

Les résultats des expériences que M. le colonel Frédérix, directeur de la fonderie de Liége, a fait faire sur la ténacité de la fonte ont donné une moyenne de 1800 atmosphères par centimètre carré : c'est ce chiffre que nous avons adopté.

Rapport de l'épaisseur aux parois au diamètre extérieur en fractions.		Rapport du poids du projectile creux à celui du projectile massif.	Densité du projectile vide, celle de la fonte étant 7.1.	Densité du projectile creux rempli de poudre, la densité de celle-ci étant 0.87.	La ténacité de la fonte étant de 1300 atmosphères.		La ténacité de la fonte étant de 1800 atmosphères.	
Ordinaires.	Décimales.				Résistance du projectile à la rupture.	Densité des gaz correspondante à une force élastique égale à la résistance du projectile.	Résistance du projectile à la rupture.	Densité des gaz correspondante à une force élastique égale à la résistance du projectile.
1/10	0. 100	0.488	3.465	3.910	731	0.262	1012	0.317
	0. 105	0.507	3.600	4.029	783	0.273	1084	0.330
	0. 110	0.525	3.727	4.142	802	0.277	1111	0.335
1/9	0. 111	0.529	3.756	4.166	849	0.286	1155	0.341
	0. 115	0.543	3.855	4.253	8.92	0.295	1236	0.354
	0. 120	0.561	3.983	4.365	951	0.306	1316	0.366
1/8	0. 125	0.578	4.104	4.471	1011	0.317	1400	0.378
	0. 130	0.595	4.224	4.576	1074	0.328	1487	0.390
	0. 135	0.611	4.338	4.676	1138	0.339	1578	0.407
	0. 140	0.627	4.452	4.776	1208	0.350	1672	0.413
1/7	0.1429	0.636	4.516	4.833	1248	0.356	1728	0.420
	0. 145	0.642	4.558	4.869	1279	0.361	1771	0.425
	0. 150	0.657	4.665	4.963	1353	0.371	1873	0.437
	0. 155	0.671	4.764	5.050	1430	0.382	1981	0.448
	0. 160	0.686	4.871	5.144	1511	0.393	2093	0.460
	0. 165	0.699	4.963	5.225	1596	0.404	2210	0.472
1/6	0.1667	0.704	4.998	5.255	1625	0.408	2250	0.475
	0. 170	0.712	5.055	5.306	1684	0.415	2332	0.483
	0. 175	0.725	5.147	5.386	1777	0.426	2460	0.494
	0. 180	0.738	5.240	5.468	1874	0.437	2594	0.505
	0. 185	0.750	5.325	5.542	1975	0.448	2735	0.516
	0. 190	0.762	5.410	5.617	2083	0.459	2882	0.528
	0. 195	0.773	5.488	5.685	2194	0.470	3037	0.541
1/5	0. 200	0.784	5.566	5.754	2311	0.481	3200	0.553
1/4	0. 250	0.875	6.212	6.321	3900	0.600	5400	0.675
1/3	0. 333	0.963	6.837	6.869	10400	0.837	14400	0.920

En examinant le tableau précédent, on remarque que la résistance à la rupture des projectiles creux augmente rapidement à mesure que le rapport de l'épaisseur au calibre devient plus grand. Pour le rapport 0. 1, cette résistance est de 731 atmosphères : pour celui $\frac{1}{7}$, adopté nouvellement en Belgique, elle est de 1248 atmosphères. Pour le rapport $\frac{1}{6}$ que nous proposons pour les projectiles destinés à la défense des côtes, la résistance à la rupture augmenterait de plus d'un quart (1625 atmosphères) : enfin si on coulait les projectiles en fonte forte à canons, cette résistance irait jusqu'au double (2250 atmosphères) de celle que procure le rapport $\frac{1}{7}$ avec la fonte douce ordinaire.

Les épaisseurs aux parois doivent varier suivant la destination des projectiles. S'agit-il de tirer seulement contre les hommes ou contre le matériel de l'artillerie, les épaisseurs doivent être les plus faibles. Dans le principe le rapport des épaisseurs au calibre se rapprochait beaucoup de celui 0. 1112, qui exige la plus grande charge d'éclatement. Les bombes Cominges dont parle Saint-Remy avaient 17°, 10 lignes de diamètre et 2° d'épaisseur, ce qui donne le rapport 0. 1121 : pour les bombes de 11°, 8 lignes, de 8° et pour les obus de 6°, ces rapports étaient respectivement 0. 1140, 0. 1042, 0. 1111. Pour les grosses grenades de 5° 6 lignes, ce rapport était de 0. 09234. On conçoit effectivement que les moindres épaisseurs donnent lieu au plus grand nombre d'éclats. D'un autre côté, pour que ceux-ci soient meurtriers, il convient qu'ils aient une certaine épaisseur. Cette dernière avait été fixée à 5 lignes pour les grenades de 4° 9 lignes, de 3° 5 lignes, de 3° 2 lignes 9 points, et de 3°, aussi les rapports de l'épaisseur au calibre ne restaient-ils pas les mêmes, et ils étaient, pour les projectiles que nous venons de désigner respectivement, 0. 0877, 0. 1220, 0. 1290, 0. 1389.

Des considérations d'un autre genre doivent régler les épaisseurs des bombes. En effet celles-ci doivent posséder une grande résistance pour ne pas se briser en traversant les massifs de terre et les charpentes, elles doivent d'ailleurs pénétrer profondément afin d'utiliser la charge explosive; enfin une certaine densité est nécessaire pour obtenir les grandes portées. Ces considérations, et la nécessité de résister au tir dans les mortiers à chambre cylindrique ou en forme de poire, ont fait augmenter les épaisseurs et adopter un culot.

Le rapport de l'épaisseur au diamètre, varie en Belgique pour les bombes et obus de 0. 1431 à 0. 1582. Les bombes pour le mortier de 0. 60 ont une épaisseur de 0. 0725 et un diamètre extérieur de 0. 5925 : le quotient du premier nombre par le second est 0.1224, à peu près le même que pour les bombes Cominges. Cette dimension était trop faible pour un mortier à chambre rétrécie. Aussi les premières bombes essayées éclatèrent-elles dans le tir, et ce ne fut qu'en les coulant avec un culot, sur la proposition de M. le colonel Frédérix, qu'on les mit en état de résister.

En Autriche le rapport de l'épaisseur au diamètre ne diffère pas beaucoup de 0. 14. En France les variations sont plus considérables; pour l'artillerie de terre, on n'entrevoit pas de règle, mais il n'en est pas de même pour l'artillerie de la marine qui a pour ses projectiles creux des épaisseurs dont les rapports aux calibres ne varient qu'entre 0. 1415 et 0. 1443. En Espagne ce rapport varie entre 0. 1275 et 0. 1380 pour les bombes et entre 0. 1368 et 0. 1677 pour les obus. L'Angleterre est de toutes les puissances celle qui a les projectiles creux les plus denses. Pour les bombes de 13°, de 10° et de 8°, les rapports de l'épaisseur au diamètre sont respectivement de 0. 1698, 0. 1735 et 0. 1696. Pour les obus ce rapport ne descend pas au-dessous de 0. 1555, enfin, pour les boulets creux, il varie depuis 0. 1604 jusqu'à 0. 2282.

Nous citerons l'exemple de l'Angleterre pour faire adopter le rapport $\frac{1}{6}$ = 0. 1667 pour l'épaisseur des projectiles creux destinés à la défense des côtes.

Lorsque les obus sont brisés dans un choc, la surface de rupture minimum a lieu suivant un grand cercle. La résistance à la rupture par une force extérieure est donc exprimée par :

$$T \pi (R^2 - r^2)$$

Si l'on veut que le projectile soit capable d'une résistance n fois plus grande, on n'aura qu'à établir l'égalité.

$$R^2 - r'^2 = n(R^2 - r^2)$$

r' étant le rayon extérieur cherché.

RÉSISTANCE

DES PIÈCES EN FONTE

AUX

DIFFÉRENTES SECTIONS DE L'AME

La ténacité de la fonte à canons est assez variable. En faisant des essais sur la résistance à la rupture par extension, on a obtenu des résultats qui variaient entre 1500 et 1900 atmosphères : on conçoit même que la ténacité puisse être diminuée par la présence accidentelle de laitiers ou de certains corps étrangers, comme aussi par la chaleur développée dans le tir. Aussi, nous paraît-il prudent de baser les dimensions des pièces de fonte, sur la résistance minimum de 1500 atmosphères.

On a généralement l'habitude d'évaluer les épaisseurs des bouches à feu en fonction du calibre :

Soient donc.

$c = 2\,r$ le diamètre de l'âme,

$E = n\,c = 2\,n\,r$ l'épaisseur en une section quelconque,

R le diamètre extérieur à la même section,

T = 1500 la ténacité de la fonte exprimée en atmosphères,

la résistance de la section considérée, sera exprimée par la formule suivante applicable au cylindre creux :

$$T\left(\frac{R}{r} - 1\right)$$

Si nous remplaçons R par son équivalent r, $(1 + 2\,n)$ cette formule devient :

$$2\,n\,T$$

D'après cela nous avons formé le tableau suivant, qui donne la résistance d'une pièce de fonte, pour les différentes épaisseurs exprimées en fonction du calibre.

Rapport de l'épaisseur au calibre. Valeur de n.	Résistance à la rupture. (Atmosphères.)	Densité des gaz produits par la combustion de la poudre, nécessaire pour produire une force expansive égale à la résistance du métal.
$n = 0.25$	750	$\varphi = 0.27$
$n = 0.30$	900	$\varphi = 0.30$
$n = 0.35$	1050	$\varphi = 0.33$
$n = 0.40$	1200	$\varphi = 0.35$
$n = 0.45$	1350	$\varphi = 0.37$
$n = 0.50$	1500	$\varphi = 0.39$
$n = 0.55$	1650	$\varphi = 0.41$
$n = 0.60$	1800	$\varphi = 0.43$
$n = 0.65$	1950	$\varphi = 0.45$
$n = 0.70$	2100	$\varphi = 0.46$
$n = 0.75$	2250	$\varphi = 0.48$
$n = 0.80$	2400	$\varphi = 0.49$
$n = 0.85$	2550	$\varphi = 0.50$
$n = 0.90$	2700	$\varphi = 0.52$
$n = 0.95$	2850	$\varphi = 0.53$
$n = 1.00$	3000	$\varphi = 0.54$
$n = 1.05$	3150	$\varphi = 0.55$
$n = 1.10$	3300	$\varphi = 0.56$
$n = 1.15$	3450	$\varphi = 0.57$
$n = 1.20$	3600	$\varphi = 0.58$
$n = 1.25$	3750	$\varphi = 0.59$

D'après M. Piobert la tension des gaz pris à la lumière pour la charge au tiers varie généralement entre 1800 et 2200 atmosphères, elle peut même aller jusqu'à 2450 atmosphères. L'épaisseur à la culasse variant entre 1 et 1. 25 de calibre, il en résulte des résistances de 3000 à 3 750 atmosphères. Les bouches à feu de fonte ne possédant qu'un faible excès de résistance, c'est avec raison que dans les canons à bombes, les chambres sont calculées de manière à offrir un grand espace à la détente des gaz.

Le bronze ayant une ténacité deux fois plus grande que celle de la fonte, on peut déterminer les diamètres extérieurs, de manière que des bouches à feu de même calibre, mais de métaux différents, offrent la même résistance.

Conservons aux lettres R, r, E, T la même signification que précédemment pour le bronze, accentuons-les pour la fonte et posons en outre :

$$T = 2\ T'$$

Pour qu'il y ait égalité de résistance pour une même section de l'âme dans les deux bouches à feu, on doit avoir l'équation de condition

$$2\ T' \left(\frac{R}{r} - 1\right) = T' \left(\frac{R'}{r} - 1\right)$$

On en déduit :

$$\frac{R'}{r} = 2\,\frac{R}{r} - 1$$

Puis :

$$E = 2E$$

Ainsi les épaisseurs doivent être doublées.

Les pièces de fonte comparées à celles en bronze, sont loin de satisfaire à cette condition, et nous croyons toujours qu'il est peu prudent de chercher encore à diminuer les épaisseurs des premières.

MOYEN

POUR

FIXER LES FUSÉES MÉTALLIQUES

À L'ŒIL D'UN PROJECTILE.

Il est reconnu que les fusées métalliques sont les meilleures pour les projectiles creux. Il n'y a guère qu'elles qui puissent être logées dans l'épaisseur du métal de manière à ne pas faire saillie à la surface extérieure. Parmi les moyens en usage, il y en a qui sont très-efficaces pour certaines spécialités de fusées : nous nous dispenserons de les citer. La grande variété des essais qui ont été entrepris, prouve l'importance et la difficulté du problème : c'est ce qui nous engage à faire connaître un mode d'attache qui, modifié convenablement, peut servir à *toute espèce de fusée.*

Supposons que la fusée soit cylindrique, et puisse être logée dans l'épaisseur de l'œil.

On fraise l'œil au diamètre et à la profondeur nécessaires : on creuse au milieu de la hauteur du cylindre une rainure *a b c d* (fig 1), haute de 0 m. 004, et profonde de 0 m. 0025.

On prend une bandelette A B C D (fig. 2) en cuivre rouge et recuit épaisse de 0 m. 0005 ayant une saillie propre à entrer dans la rainure *a b c d* de l'œil (fig. 1) et ayant pour longueur le périmètre de la fusée.

On enroule la bandelette, en laissant la saillie au dehors, puis on l'introduit dans l'œil ; avec l'embouchoir (fig. 5) on développe la lamette suivant le périmètre de l'œil, en même temps qu'on force la saillie à se loger dans la rainure. On place ensuite sur la table une rondelle de feutre ou de drap enduite d'un corps gras. Ceci a pour objet d'empêcher l'humidité ou les gaz enflammés de pénétrer dans l'intérieur du projectile.

Cela fait, on engage la fusée dans l'œil : elle doit pouvoir entrer facilement. Lorsqu'elle est à fond, on la fixe en repliant le bord supérieur de la lamette de cuivre, et en refoulant à l'aide d'une presse ou au moyen de coups de maillet.

Nous avons constaté la solidité de ce système en chassant la fusée par une broche sur laquelle on frappait à coups de marteau. Une ouverture pratiquée dans la partie de l'obus opposée à l'œil, permettait l'introduction de la broche et son application contre la fusée. Celle-ci était constamment hors de service lorsqu'elle se détachait du projectile : ce qui prouvait que le mode d'attache était aussi solide que la fusée elle-même.

TENSIONS DES GAZ

QUE PRODUISENT

DIFFÉRENTES CHARGES DE POUDRE DANS LE CANON DE 12.

Les épaisseurs d'un canon de calibre quelconque doivent varier en même temps que la charge que l'on se propose d'employer. Nous allons essayer de déterminer quelles doivent être ces variations pour le canon de 12 liv. de campagne, pour des charges de poudre pesant respectivement la moitié, le tiers, le quart, le cinquième et le sixième du poids du boulet.

On admet généralement que pour la charge au tiers, la tension maximum des gaz a lieu lorsque le boulet s'est déplacé d'un demi-calibre. On suppose également que la densité des gaz formés dans ce moment est de 0, 38, et que la durée de la combustion est les 0, 2 de celle de la combustion d'un grain de poudre. Comme il ne s'agit ici que des résultats moyens, nous n'introduirons dans nos calculs que les chiffres qui s'y rapportent.

Soient :

P le poids d'une charge de poudre,

δ la densité absolue de la galette,

t la durée de la combustion (en supposant toute la charge enflammée en même temps) depuis l'origine du mouvement jusqu'à une position quelconque du projectile dans l'âme de la pièce,

t' la durée moyenne de la combustion d'un grain de poudre,

V′ le volume du vide de l'âme en arrière du projectile, dans la position considérée,

R le rayon moyen d'un grain de poudre,

r le rayon du noyau restant de poudre après un temps t de combustion.

Il résulte des expériences de M. Piobert, que la combustion de la poudre a lieu d'une manière uniforme, et par couches d'égales épaisseurs pour des temps égaux : d'après cela : $t' - t$, étant le temps nécessaire pour la combustion du noyau du rayon r, on aura la proportion :

$$r : \mathrm{R} = t' - t : t' \qquad \text{d'où}$$

$$r = \mathrm{R}\left(1 - \frac{t}{t'}\right) \qquad (1).$$

Le volume de poudre brûlée appartenant au

grain de rayon R, sera la différence de deux sphères de rayons R et r; il sera exprimé par :

$$\frac{4}{3}\pi\left\{R^3 - r^3\right\} = \frac{4}{3}\pi R^3\left\{1 - \left(1 - \frac{t}{t'}\right)^3\right\} \quad (2)$$

Le rapport du volume de poudre brûlée au bout du temps t au volume primitif du grain sera :

$$\frac{\frac{4}{3}\pi R^3\left\{1 - \left(1 - \frac{t}{t'}\right)^3\right\}}{\frac{4}{3}\pi R^3} = 1 - \left(1 - \frac{t}{t'}\right)^3$$

Si l'on considère une charge P, l'espace réellement occupé par les grains qui la composent sera $\frac{P}{\delta}$: et au bout du temps t, le volume de la charge brûlée sera :

$$\frac{P}{\delta}\left\{1 - \left(1 - \frac{t}{t'}\right)^3\right\} \quad (3)$$

et le poids de la partie brûlée de la charge sera :

$$P\left\{1 - \left(1 - \frac{t}{t'}\right)^3\right\} \quad (4)$$

Le volume de la partie de la charge P réellement occupée par les noyaux restant de grains après un temps t de combustion, sera la différence entre le volume primitif et le volume de la partie brûlée des grains, il sera donc :

$$\frac{P}{\delta} - \frac{P}{\delta}\left\{1 - \left(1 - \frac{t}{t'}\right)^3\right\} = \frac{P}{\delta}\left(1 - \frac{t}{t'}\right)^3 \quad (5)$$

La densité φ des gaz provenant de la combustion d'une charge P de poudre au bout du temps

t, se trouvera en divisant le poids de la partie brûlée de la charge

$$P\left\{1-\left(1-\frac{t}{t'}\right)^3\right\} \quad (4)$$

par le volume du vide en arrière du projectile diminuée du volume

$$\frac{P}{\delta}\left(1-\frac{t}{t'}\right)^3 \quad (5)$$

réellement occupé par les noyaux restant des grains non brûlés.

On a donc :

$$\varphi = \frac{P\left\{1-\left(1-\frac{t}{t'}\right)^3\right\}}{V'-\frac{P}{\delta}\left(1-\frac{t}{t'}\right)^3} \quad (6)$$

Lorsque l'on place des charges de poudre au fond de l'âme, il existe toujours du vide entre certaines parties de la gargousse, et les parois de la pièce, de même que vers la partie postérieure du projectile. D'après cela nous supposerons que la densité relative de la charge est 0, 8.

Voici actuellement les données du calcul de la tension maximum des gaz pour la charge au $\frac{1}{5}$.

P = 2 kilogrammes,

$\frac{t}{t'} = 0.2$,

Le calibre de la pièce 1. 213 décimètres,

L'aire de la section de l'âme = 1. 155 décimètres carrés,

$\delta = 1.52$ densité absolue moyenne de la poudre,

$\frac{P}{0.8} = 2.50$ décimètres cubes. Volume occupé par la charge de poudre,

$\frac{P}{\delta} = 1.31$ volume réellement occupé par les grains de poudre,

$1.155 \times 0.606 = 0.7$ décimètres cubes : volume du vide de l'âme correspondant à un demi-calibre de longueur.

$V' = 2.50 + 0.7 = 3.2$ volume du vide en arrière du projectile après 1/2 calibre de déplacement.

$$\left(1 - \frac{t}{t'}\right)^3 = (0.8)^3 = 0.512.$$

Substituant toutes ces valeurs dans l'équation (6) il vient :

$$\varphi = \frac{2 \times 0.488}{3.2 - 1.31 \times 0.512} = 0.381$$

Nous pouvons actuellement déterminer la tension des gaz lorsque le projectile s'est déplacé d'un demi-calibre, pour les différentes charges :

$$\frac{1}{2}, \frac{1}{4}, \frac{1}{5}, \frac{1}{6} \text{ du poids du boulet.}$$

Si nous supposons que le temps t que met le projectile à parcourir un demi-calibre est le même pour toutes les charges, nous commettrons certainement une erreur. Mais remarquons cependant que le premier effort instantané de la poudre doit être le même quelle que soit la charge, et que les différences entre les impulsions primitives ne deviennent plus considérables qu'à mesure que le déplacement du projectile est plus grand.

En supposant donc que le temps t est le même dans ces différentes hypothèses, les résultats auxquels nous parviendrons seront trop forts pour les charges plus grandes que $\frac{1}{3}$, puisque le projectile mettra moins de temps à parcourir un demi-calibre, et trop faibles pour les charges inférieures au tiers, puisque le projectile mettra plus de temps à parcourir la même longueur de l'âme. En faisant donc cette réserve, nous avons dressé le tableau suivant.

Tableau de la densité et de la tension des gaz pour les différentes charges, après un déplacement initial d'un demi-calibre. La durée de ce déplacement étant supposée la même.

CHARGES		Densité des gaz. Valeurs de φ	Tension des gaz. (Atmosphères.)	Vitesses initiales.
En partie aliquote du poids du boulet.	En kilogrammes.			
1/2	3	0.413	1669	504
1/3	2	0.381	1421	491
1/4	1.50	0.345	1178	462
1/5	1. 2	0.318	1017	435
1/6	1	0.298	909	407

Les tensions des gaz ont été déterminées par interpolation au moyen du tableau que nous avons donné note 3e. Nous avons déjà vu quelles sont les tensions minima des gaz pour des charges inférieures au $\frac{1}{3}$ et celles maxima pour des charges supérieures à $\frac{1}{2}$. Tous ces résultats étant considérés comme des moyens de comparaison relatifs aux efforts produits dans le tir avec la charge au $\frac{1}{3}$. Nous allons actuellement déterminer les autres limites par l'hypothèse suivante. Si nous admettons que les temps nécessaires pour le parcours du premier demi-calibre, sont en raison inverse des vitesses initiales, nous aurons des temps qui seront trop longs, pour les petites charges, et qui introduits dans la formule (6) conduiront à des densités trop fortes, ces temps seront d'ailleurs trop courts pour les fortes charges, et conduiront pour celles-ci à des densités trop faibles. De ces diverses densités on pourra calculer les tensions correspondantes, qui formeront avec celles données au tableau précédent, les limites entre lesquelles doivent se trouver les tensions réelles des gaz.

D'après ces considérations nous avons formé le tableau ci-après.

CHARGES		VALEURS de $\frac{t}{t'}$	VALEURS de $\left(1-\frac{t}{t'}\right)^3$	VALEURS de φ	VALEURS de la tension des gaz.	VALEURS DES TENSIONS produites par les différentes charges rapportées à celle relative à la charge au 1/3 prise comme unité.
En partie aliquote du boulet.	En kilogrammes.					
1/2	3	0.195	0.522	0.406	1612	1.134
1/3	2	0.200	0.512	0.381	1421	1.000
1/4	1.5	0.212	0.489	0.358	1262	0.888
1/5	1.2	0.226	0.464	0.343	1167	0.821
1/6	1	0.241	0.437	0.338	1135	0.799

D'après ce tableau on s'explique pourquoi les épaisseurs maxima de canons à bombes dont les charges ordinaires sont le $\frac{1}{6}$ en poids de celui du projectile varient généralement entre 0. 8 et 0. 9 de calibre.

Quoi qu'il en soit, tous ces résultats de calculs ne doivent être considérés que comme des moyens d'établir une comparaison entre les tensions produites par les différentes charges et nullement comme les exprimant exactement. Espérons que l'appareil électro-balistique de M. Navez nous permettra de déterminer un jour pour les vitesses variables des projectiles à mesure qu'ils occupent différentes positions dans l'âme : on pourra en conclure les temps qui se sont écoulés depuis l'origine de l'inflammation jusqu'à celui correspondant à un déplacement quelconque du projectile : il sera possible alors de calculer avec quelque chance de succès les tensions moyennes des gaz développés et par suite les épaisseurs des bouches à feu.

LAGNY. — Imprimerie de VIALAT et Cie.

Fig. 1

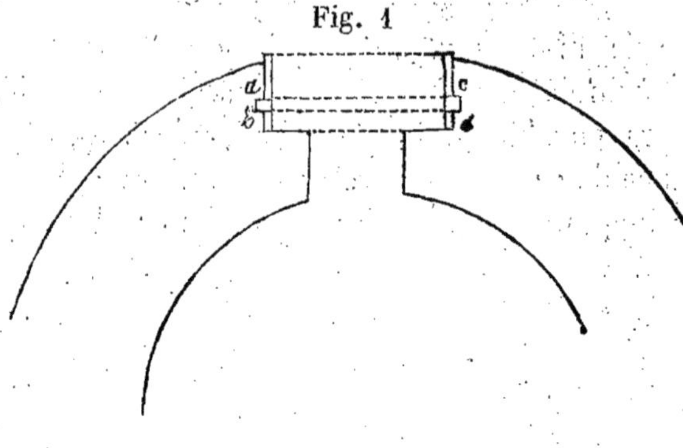

Fig. 3 Fig. 2

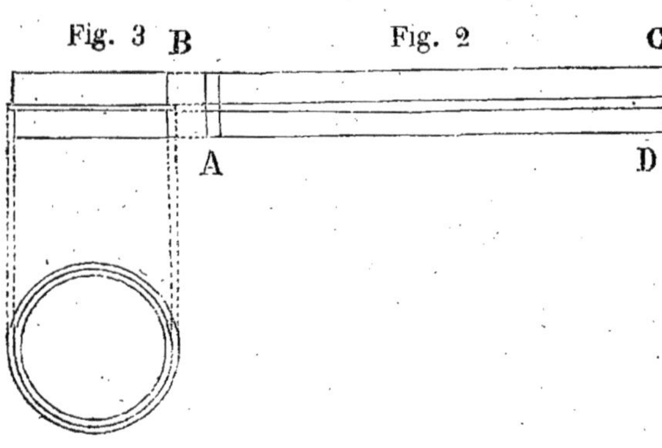

Fig. 4

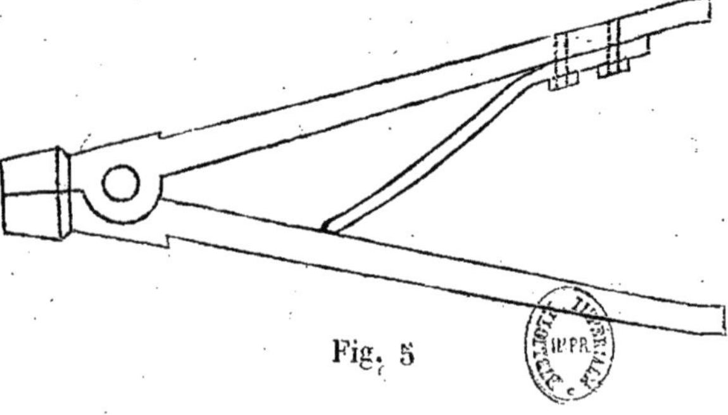

Fig. 5

Ouvrages du même Auteur.

Expériences sur la résistance produite dans le forage des bouches à feu faites à la fonderie de canons, à Liége, en 1840 et 1841, par COQUILHAT, capitaine d'artillerie, in-8°, avec planches, 1843. 3 fr. 50

De la quantité de travail absorbé par les frottements dans le forage des bouches à feu à la fonderie royale de canons de Liége, in-8°, 1847. 1 fr. 50

Expérience sur la résistance utile produite dans le forage du fer forgé, de la pierre calcaire et du grès, ainsi que dans le forage et le sciage du bois, faites à Tournay, en 1848 et 1849, broch. in-8°, 1850. 3 fr. 50

Expériences faites à Ypres, en 1850, sur la pénétration dans les terres de sondes en fer enfoncées par les chocs d'un bélier et application des fourneaux de mines cylindriques et horizontaux à l'ouverture des tranchées, in-8°, avec planches, 1851. 3 fr.

Expériences sur la résistance utile produite dans le forage, in-8°, 1850 et 1851. 2 fr.

www.ingramcontent.com/pod-product-compliance
Ingram Content Group UK Ltd.
Pitfield, Milton Keynes, MK11 3LW, UK
UKHW020442230726
13925UKWH00004B/1785

9 782013 620888